儿童趣味百科

U0243322

MATHS
NO PROBLEM!

英国数学真简单团队/编著　华云鹏　王庆庆/译

DK儿童数学分级阅读 第五辑

加法和减法

数学真简单！

电子工业出版社·

Publishing House of Electronics Industry

北京·BEIJING

Original Title: Maths—No Problem! Addition and Subtraction, Ages 9–10 (Key Stage 2)

Copyright © Maths—No Problem!, 2022

A Penguin Random House Company

版权贸易合同登记号　图字：01-2024-1979

图书在版编目（CIP）数据

DK儿童数学分级阅读. 第五辑. 加法和减法 / 英国数学真简单团队编著；华云鹏，王庆庆译. --北京：电子工业出版社，2024.5

ISBN 978-7-121-47697-6

Ⅰ．①D…　Ⅱ．①英…　②华…　③王…　Ⅲ．①数学—儿童读物　Ⅳ．①O1-49

中国国家版本馆CIP数据核字（2024）第075165号

出版社感谢以下作者和顾问：Andy Psarianos, Judy Hornigold, Adam Gifford和Anne Hermanson博士。
已获Colophon Foundry的许可使用Castledown字体。

责任编辑：苏　琪
印　　刷：鸿博昊天科技有限公司
装　　订：鸿博昊天科技有限公司
出版发行：电子工业出版社
　　　　　北京市海淀区万寿路173信箱　　邮编：100036
开　　本：889×1194　1/16　印张：18　　字数：303千字
版　　次：2024年5月第1版
印　　次：2024年11月第2次印刷
定　　价：128.00元（全6册）

凡所购买电子工业出版社图书有缺损问题，请向购买书店调换。若书店售缺，请与本社发行部联系，联系及邮购电话：（010）88254888，88258888。
质量投诉请发邮件至zlts@phei.com.cn，盗版侵权举报请发邮件至dbqq@phei.com.cn。
本书咨询联系方式：（010）88254161转1868，suq@phei.com.cn。

目 录

鲁比　艾略特　阿米拉　查尔斯　露露　萨姆　奥克　霍莉　拉维　艾玛　雅各布　汉娜

1000 000 以内数的读和写

准 备

萨摩亚独立国（简称萨摩亚）是位于太平洋南部波利尼西亚群岛中的一个国家，由多个岛屿组成。2020年，萨摩亚的人口总数为198 410。

萨摩亚

人口总数：198 410

用 100 000　10 000　1000　100　**10**　1 来表示198 410。

举 例

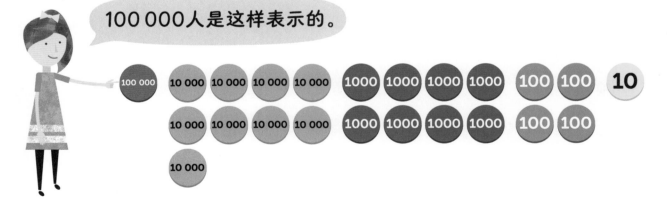

100 000人是这样表示的。

十万	万	千	百	十	个
1	9	8	4	1	0

198 410中的每个数字都表示一个数值。

198 410中的1在十万位上，表示1个十万。

198 410中的9在万位上，表示9个万。

198 410中的8在千位上，表示8个千。

198 410中的4在百位上，表示4个百。

198 410中的1在十位上，表示1个十。

198 410中的0在个位上，表示0个一。

| 1 | 9 | 8 | 4 | 1 | 0 | = 100 000 + 90 000 + 8 000 + 400 + 10 + 0

将198 410用汉字写出来是这样的：十九万八千四百一十。

1 写出下列数位表中每个位置的数字，并用汉字写出读数。

(1) 53 000

十万	万	千	百	十	个

(2) 724 000

十万	万	千	百	十	个

(3) 413 968

十万	万	千	百	十	个

2 写出下列数中的5所代表的数值。

(1) 43 587

5在 [   ] 位上。

43 587中的5的数值是：[   ]。

(2) 75 431

5在 [   ] 位上。

75 431中的5的数值是：[   ]。

(3) 350 789

5在 [   ] 位上。

350 789中的5的数值是：[   ]。

(4) 513 704

5在 [   ] 位上。

513 704中的5的数值是：[   ]。

比较 1 000 000 以内数的大小（一）

准 备

法属新喀里多尼亚是南太平洋上的另一个岛屿。让我们来比较一下新喀里多尼亚的人口总数与萨摩亚的人口总数。

法属新喀里多尼亚
人口总数: 278 500

萨摩亚
人口总数: 198 410

举 例

比较 278 500 和 198 410

十万位上是 2。

278 500
198 410

这个数的十万位上是 1，所以我知道这个数要小一些。

2020 年，法属波利尼西亚的人口总数为 275 918。比较 278 500 和 275 918。

这两个数十万位上都是 2，万位上都是 7。因此我们需要看千位上的数字来比较大小。

278 500 大于 275 918。
278 500 > 275 918

278 500
275 918

我知道 278 要比 275 大，所以 278 000 大于 275 000。

1 比较下列数。

(1) | 230 540 | 　| 318 550 |

| | 大于 | | 。

| | 小于 | | 。

(2) | 496 320 | 　| 425 998 |

| | 大于 | | 。

| | 小于 | | 。

(3) | 746 826 | 　| 745 923 |

| | 大于 | | 。

| | 小于 | | 。

2 在方框中填写">"或者"<"。

(1) 125 900 [ ] 65 700　　(2) 231 098 [ ] 260 001

(3) 478 342 [ ] 478 512　　(4) 856 427 [ ] 856 519

比较 1000000 以内数的大小（二）

准 备

B住宅比A住宅贵 20 000英镑。

C住宅比A住宅便宜 40 000英镑。

A住宅
275 000英镑

B住宅

C住宅

这两个住宅的价格分别是多少？

举 例

比较A住宅和B住宅的价格。

275 000英镑

A住宅

B住宅

把万位上的数字加2。

20 000英镑

295 000比275 000多20 000。

B住宅的价格是295 000英镑。

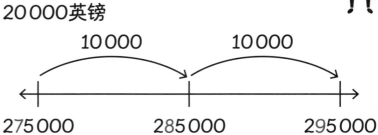

10 000   10 000

275 000   285 000   295 000

10 注：2023年12月31日英镑对人民币的汇率为1：9.04。

将A住宅的价格和C住宅的价格相比较。

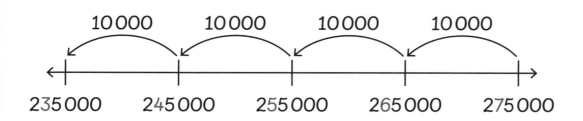

把万位上的数字减4。

235 000要比275 000少40 000。

C住宅的价格是235 000英镑。

练 习

填空题

❶ (1) ⬚ 比140 000 多10 000。

(2) ⬚ 比140 000 多50 000。

(3) ⬚ 比140 000 少30 000。

(4) ⬚ 比140 000 少50 000

❷ (1) 432 000比 ⬚ 多200 000。

(2) 875 000比 ⬚ 多600 000。

(3) 567 000比 ⬚ 少200 000。

(4) 340 000 比 ⬚ 少400 000。

数的规律

准 备

艾略特注意到他正在玩的游戏得分在增加。

 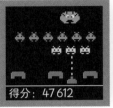    

得分：45 612　得分：47 612　得分：49 612　得分：51 612　得分：53 612　得分：55 612

我们要怎么表述得分增加的规律呢？

举 例

45 612, 47 612, 49 612, 51 612, 53 612, 55 612

千位上的数字
每次都增加2。

根据这个规律，我们可以推算出下一个数。

把千位数字加2就能
找到下一个数。

$$55\,612 + 2\,000 = 57\,612$$

45 612, 47 612, 49 612, 51 612, 53 612, 55 612, 57 612

12

拉维注意到他的分数中出现了下面这一组数。

890 560, 790 560, 690 560, 590 560, 490 560, 390 560

把十万位上的数字减1就能得到下一个数。

把390 560减去100 000，我就能得到这组数的下一个数。

减去十万。

890 560, 790 560, 690 560, 590 560, 490 560, 390 560, 290 560

390 560 − 100 000 = 290 560

练 习

填写合适的数，并写出每组数的规律。

1 125 700, 225 700, ☐ , 425 700, ☐ , 625 700, ……

每个数都比前一个数多 ☐ 。

2 138 670, ☐ , 538 670, 738 670, ☐ , ……

每个数都比前一个数多 ☐ 。

3 78 560, 68 560, 58 560, ☐ , ☐ , 28 560, ……

每个数都比前一个数少 ☐ 。

4 856 879, 826 879, ☐ , 766 879, ☐ , 706 879, ……

每个数都比前一个数少 ☐ 。

近似数

准 备

下表是世界上四个不同城市的近似人口数。

克莱斯特彻奇的人口比霍巴特的人口大约多200 000人。

鲁比说得对吗？

城市	国家		人口
霍巴特		澳大利亚	208 324
克莱斯特彻奇		新西兰	383 200
爱丁堡		苏格兰	542 599
哈利法克斯		加拿大	431 479

举 例

克利斯特彻奇有383 200人。

383 200

300 000　310 000　320 000　330 000　340 000　350 000　360 000　370 000　380 000　390 000　400 000

我们可以借助数线看这个数距离几"十万"最近。

我看到400 000比300 000离383 200更近。

383 200省略十万位后面的尾数是400 000。

383 200≈400 000（省略十万位后面的尾数）

这个"≈"符号的意思是约等于，或者近似于。

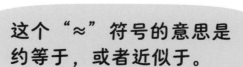

383 200约等于400 000。

霍巴特有208 324人。

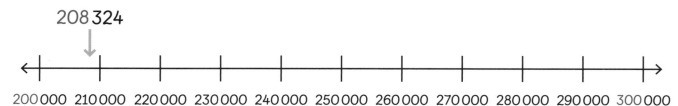

我看到200 000比300 000离208 324更近。

所以208 324可以近似为200 000。

208 324省略十万位后面的尾数是200 000。

208 324≈200 000（省略十万位后面的尾数）

208 324约等于200 000。

克莱斯特彻奇的人口比霍巴特的人口大约多200 000人。鲁比是对的。

练 习

将下列人口数省略十万位后面的尾数。

1 哈利法克斯：431 479

431 479省略十万位后面的尾数是： _____ 。

431 479 ≈ _____ （省略十万位后面的尾数）

2 爱丁堡：542 599

542 599 省略十万位后面的尾数是： _____ 。

542 599 ≈ _____ （省略十万位后面的尾数）

正数法

准 备

在一场半程马拉松比赛开赛前两个月，有 10 135名选手报名参赛。这场比赛一共可以容纳43 265人参加。

请问在达到参赛人数上限之前，还有多少选手可以报名参赛？

半程马拉松
参赛名单

举 例

从万位往后数。

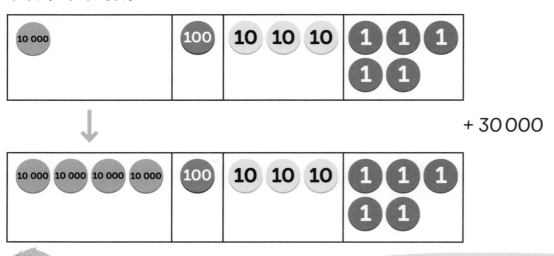

+ 30 000

在万位每次加1。

10135, 20135, 30135, 40135

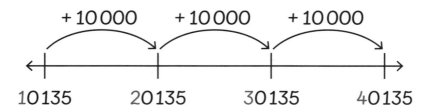

+ 10 000　　+ 10 000　　+ 10 000

10135　　20135　　30135　　40135

10135 + 30000 = 40135

从千位往后数

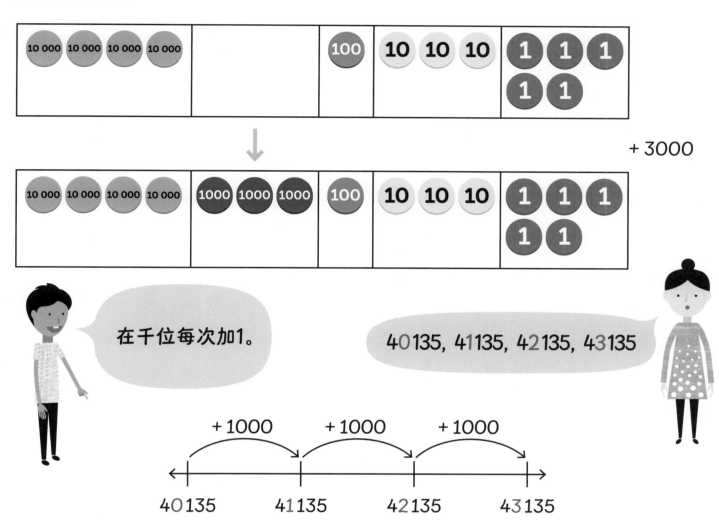

在千位每次加1。

40135, 41135, 42135, 43135

40135 + 3000 = 43135

从百位往后数。

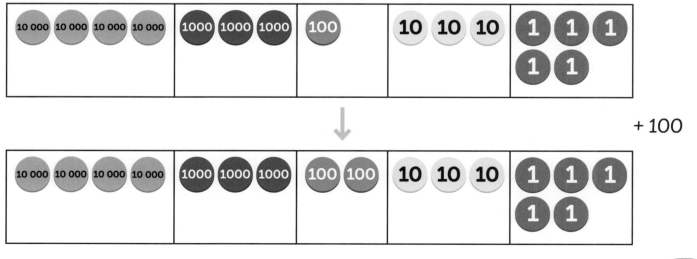

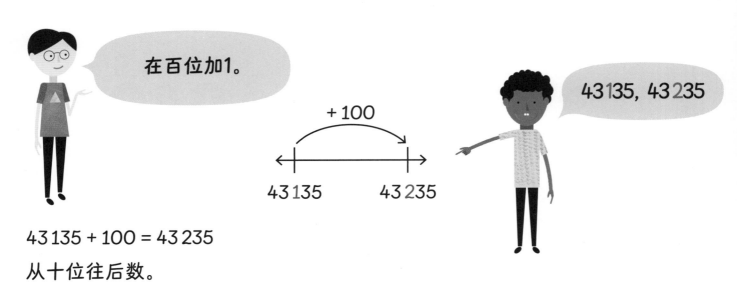

在百位加1。

43135, 43235

$43135 + 100 = 43235$

从十位往后数。

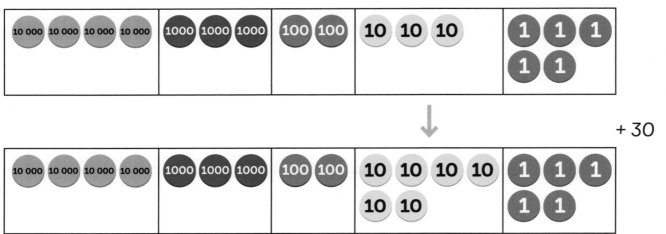

+ 30

在十位每次加1。

43235, 43245, 43255, 43265

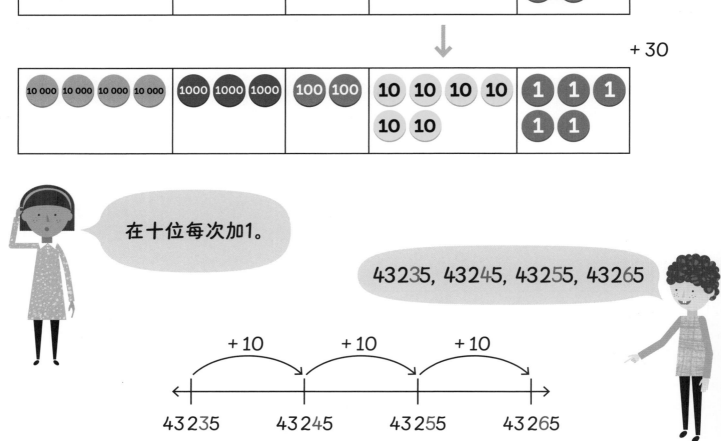

$43235 + 30 = 43265$

在参赛人数到达上限之前，还有33130名选手可以报名参赛。

1 通过正数法计算。

(1) 65 619 + 6000 = [ ]

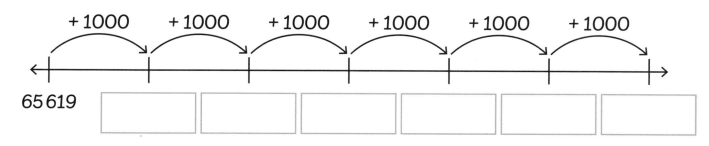

65 619

(2) 274 316 + 50 000 = [ ]

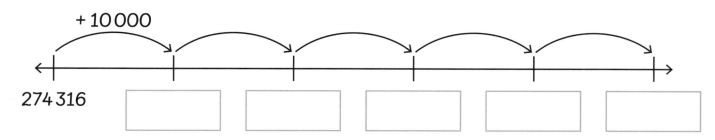

274 316

(3) 318 994 + 600 000 = [ ]

+ 100 000

318 994

2 通过正数法心算。

(1) 45 389 + 4000 = [ ]

(2) 732 988 + 50 000 = [ ]

(3) 500 000 + 121 489 = [ ]

倒数法

准 备

伦敦火车站在某一天一共来了935 676名旅客。如果当天早上来了514 000名旅客，那么除了早上的其余时间一共来了多少旅客？

举 例

935 676 − 500 000 = ?

通过往前数的方式来算90万减50万的结果。

935676, 835676, 735676,
635676, 535676, 435676

十万位上的数字每次减1。

935 676 − 500 000 = 435 676

435 676 − 10 000 = ?

往前数1万。

435 676, 425 676

十万位上的数字减少了1。

435 676 − 10 000 = 425 676

425 676 − 4 000 = ?

从千位往前数。

425 676, 424 676, 423 676,
422 676, 421 676

千位上的数字每次减1。

425 676 − 4 000 = 421 676

除了早上，其余时间一共来了421 676名旅客。

练习

1 通过倒数法计算。

830 238 − 600 000 = ☐

2 通过倒数法计算。

(1) 194 506 − 70 000 = ☐

(2) 409 867 − 200 000 = ☐

(3) 409 867 − 400 000 = ☐

1000000 以内的加法

准备

下表是英格兰各家足球俱乐部主场的观赛近似人数。

俱乐部	观赛人数
曼联	76 000
利物浦	53 000
阿森纳	60 000
切尔西	42 000
曼城	55 000
托特纳姆热刺	63 000
纽卡斯尔	52 000

国际新闻

英格兰 7 个体育场在一个有足球比赛的周末容纳下了 401 000 名观众。

我们要怎么验证新闻标题是否属实呢？

举例

将 76 000 和 55 000 相加。

俱乐部	观赛人数
曼联	76 000
曼城	55 000

在相加之前，我们可以先将这两个数万位后面的尾数省略。

76 000 ≈ 80 000 (省略万位后面的尾数)

55 000 ≈ 60 000 (省略万位后面的尾数)

80 000 + 60 000 = 140 000

俱乐部	观赛人数
利物浦	53 000
切尔西	42 000
托特纳姆热刺	63 000
纽卡斯尔	52 000

先将每个数省略万位后面的尾数，再相加。

将53 000，42 000，63 000和52 000相加。

53 000 ≈ 50 000 (省略万位后面的尾数)

42 000 ≈ 40 000 (省略万位后面的尾数)

63 000 ≈ 60 000 (省略万位后面的尾数)

52 000 ≈ 50 000 (省略万位后面的尾数)

50 000 + 40 000 + 60 000 + 50 000 = 200 000

阿森纳有60 000名观众。

将14 000，200 000和60 000相加。

140 000 + 60 000 = 200 000

140 000 + 200 000 + 60 000 = 200 000 + 200 000
= 400 000

7个体育场总观赛人数约等于400 000。

下方是各项运动比赛的观赛人数。

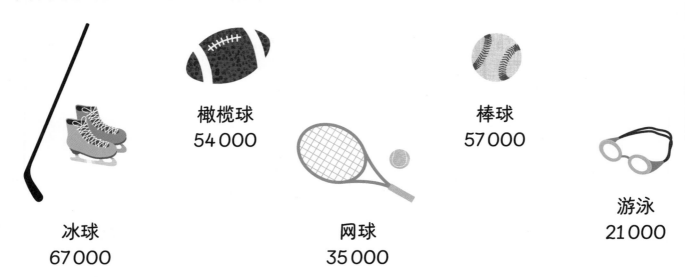

橄榄球
54 000

棒球
57 000

游泳
21 000

冰球
67 000

网球
35 000

1 计算下列各项运动观赛总人数的近似数，省略万位后面的尾数。

(1) 游泳和棒球总观赛人数。

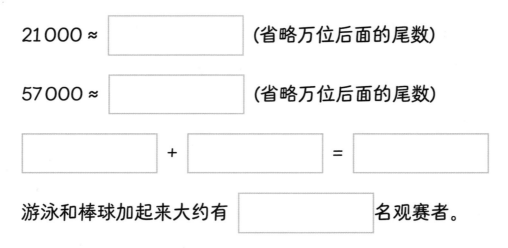

21 000 ≈ ⬚ (省略万位后面的尾数)

57 000 ≈ ⬚ (省略万位后面的尾数)

⬚ + ⬚ = ⬚

游泳和棒球加起来大约有 ⬚ 名观赛者。

(2) 橄榄球和网球总观赛人数。

54 000 ≈ ⬚ (省略万位后面的尾数)

35 000 ≈ ⬚ (省略万位后面的尾数)

$$\boxed{} + \boxed{} = \boxed{}$$

橄榄球和网球加起来大约有 $\boxed{}$ 名观赛者。

（3）冰球和棒球总观赛人数。

$67\,000 ≈ \boxed{}$ （省略万位后面的尾数）

$57\,000 ≈ \boxed{}$ （省略万位后面的尾数）

$$\boxed{} + \boxed{} = \boxed{}$$

冰球和棒球加起来大约有 $\boxed{}$ 名观赛者。

② 用加法计算。

（1） $56 + 32 = \boxed{}$ 　　　　$56\,000 + 32\,000 = \boxed{}$

（2） $130 + 23 = \boxed{}$ 　　　　$130\,000 + 23\,000 = \boxed{}$

（3） $113 + 40 = \boxed{}$ 　　　　$113\,000 + 40\,000 = \boxed{}$

（4） $320 + 115 = \boxed{}$ 　　　　$320\,000 + 115\,000 = \boxed{}$

（5） $250 + 450 = \boxed{}$ 　　　　$250\,000 + 450\,000 = \boxed{}$

（6） $334 + 216 = \boxed{}$ 　　　　$334\,000 + 216\,000 = \boxed{}$

进位加法（一）

准 备

一艘货轮完成了从中国香港地区到英国的往返航行。

从中国香港到英国时，这艘货轮上装了19 218个集装箱。

从英国返回中国香港时，这艘货轮上装了16 924个集装箱。

试问这艘货轮的往返行程一共装了多少个集装箱？

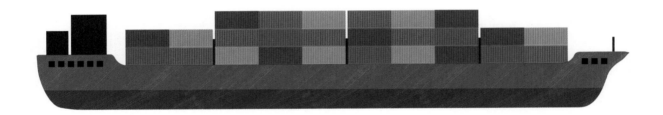

举 例

将19 218和16 924相加。

19 000 + 17 000 = 36 000

先把这两个数万位后面的尾数省略，然后再相加。

19 218 + 16 924 = ?

个位相加。

我们可以把12个1
向十位进1，看作
1个十和2个一。

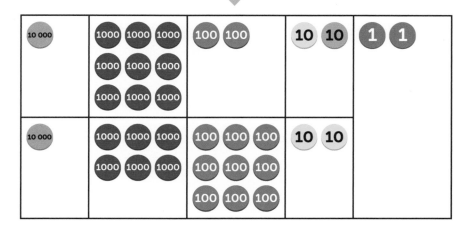

$$
\begin{array}{ccccc}
 & 1 & 9 & 2 & {}^{1}1 & 8 \\
+ & 1 & 6 & 9 & 2 & 4 \\
\hline
 & & & & & 2 \\
\end{array}
$$

8个一 + 4个一 = 12个一

十位相加。

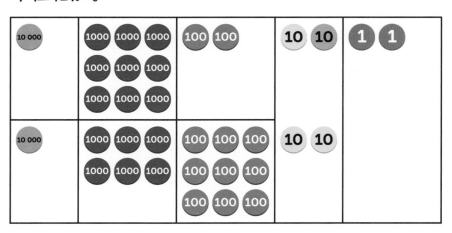

$$
\begin{array}{ccccc}
 & 1 & 9 & 2 & {}^{1}1 & 8 \\
+ & 1 & 6 & 9 & 2 & 4 \\
\hline
 & & & & 4 & 2 \\
\end{array}
$$

百位相加。

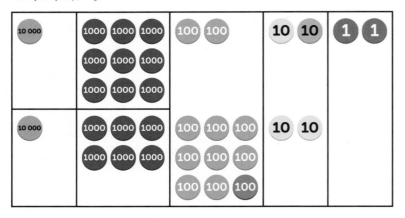

我们可以把11个百向千位进1，看作1个千和1个百。

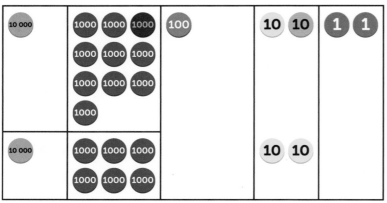

2个百 + 9个百 = 11个百

$$
\begin{array}{ccccccc}
 & 1 & {}^1 9 & & 2 & {}^1 1 & 8 \\
+ & 1 & 6 & & 9 & 2 & 4 \\
\hline
 & & & & 1 & 4 & 2 \\
\end{array}
$$

千位相加

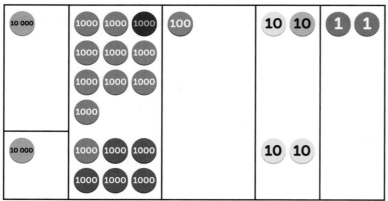

我们可以把16个千向万位进1，看作1个万和6个千。

9个千 + 6个千 + 1个千 = 16个千

$$
\begin{array}{ccccccc}
{}^1 1 & {}^1 9 & & 2 & {}^1 1 & 8 \\
+ \quad 1 & 6 & & 9 & 2 & 4 \\
\hline
6 & & & 1 & 4 & 2 \\
\end{array}
$$

万位相加

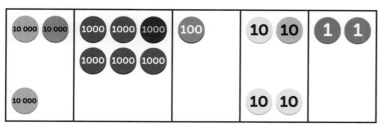

$$
\begin{array}{r}
^{1}1 \quad ^{1}9 \quad 2 \quad ^{1}1 \quad 8 \\
+ \quad 1 \quad 6 \quad 9 \quad 2 \quad 4 \\
\hline
3 \quad 6 \quad 1 \quad 4 \quad 2
\end{array}
$$

1个万 + 1个万 + 1个万 = 3个万

19 218 + 16 924 = 36 142

这艘货轮的往返行程一共装了36 142个集装箱。

练 习

1 用进位加法计算。

(1) 24 142 + 12 321 = ☐

$$
\begin{array}{r}
2 \quad 4 \quad 1 \quad 4 \quad 2 \\
+ \quad 1 \quad 2 \quad 3 \quad 2 \quad 1 \\
\hline
\square \square \square \square \square
\end{array}
$$

(2) 34 173 + 41 516 = ☐

$$
\begin{array}{r}
3 \quad 4 \quad 1 \quad 7 \quad 3 \\
+ \quad 4 \quad 1 \quad 5 \quad 1 \quad 6 \\
\hline
\square \square \square \square \square
\end{array}
$$

2 用进位加法求和。

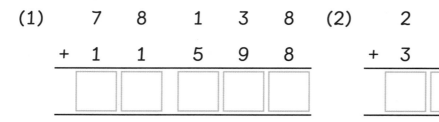

(1)
$$
\begin{array}{r}
7 \quad 8 \quad 1 \quad 3 \quad 8 \\
+ \quad 1 \quad 1 \quad 5 \quad 9 \quad 8 \\
\hline
\square \square \square \square \square
\end{array}
$$

(2)
$$
\begin{array}{r}
2 \quad 4 \quad 1 \quad 3 \quad 9 \quad 2 \\
+ \quad 3 \quad 4 \quad 6 \quad 9 \quad 2 \quad 8 \\
\hline
\square \square \square \square \square \square
\end{array}
$$

进位加法（二）

准 备

在某游乐园举办的夏日狂欢节第一天，共有84 412人购票参加。

第二天共有78 165人购票参加狂欢节。

试问，两天共有多少人购票参加狂欢节？

举 例

先估算。

$$80\,000 + 80\,000 = 160\,000$$

个位相加。

```
  8 4   4 1 2
+ 7 8   1 6 5
─────────────
            7
```

十位相加。

```
  8 4   4 1 2
+ 7 8   1 6 5
─────────────
          7 7
```

百位相加。

```
  8 4   4 1 2
+ 7 8   1 6 5
─────────────
        5 7 7
```

千位相加。

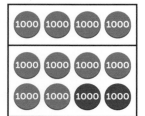

```
 ¹8 4   4 1 2
+ 7 8   1 6 5
─────────────
  2     5 7 7
```

将12个千向万位进1，看作1个万和2个千。

4个千 + 8个千 = 12个千
4000 + 8000 = 12 000

30

万位相加。

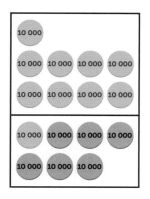

$$
\begin{array}{r}
{}^{1}8\;4\quad4\;1\;2 \\
+\quad7\;8\;1\;6\;5 \\
\hline
1\;6\;2\;5\;7\;7
\end{array}
$$

将16个万向十万位进1，
看作10个万和6个万。

8个万 + 7个万 + 1个万 = 16个万
80 000 + 70 000 + 10 000 = 160 000

84 412 + 78 165 = 162 577

两天一共有162 577人买票参加了夏日狂欢节。

练 习

用进位加法计算。

1
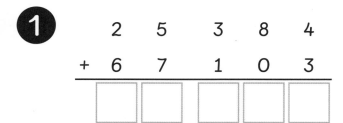

$$
\begin{array}{r}
2\;5\;3\;8\;4 \\
+\;6\;7\;1\;0\;3 \\
\hline
\square\;\square\;\square\;\square\;\square
\end{array}
$$

2
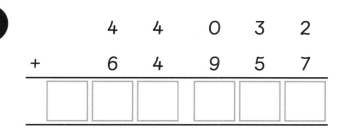

$$
\begin{array}{r}
4\;4\;0\;3\;2 \\
+\;6\;4\;9\;5\;7 \\
\hline
\square\;\square\;\square\;\square\;\square\;\square
\end{array}
$$

3
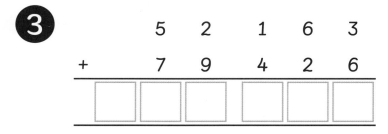

$$
\begin{array}{r}
5\;2\;1\;6\;3 \\
+\;7\;9\;4\;2\;6 \\
\hline
\square\;\square\;\square\;\square\;\square\;\square
\end{array}
$$

4
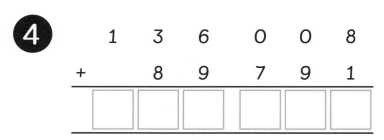

$$
\begin{array}{r}
1\;3\;6\;0\;0\;8 \\
+\;8\;9\;7\;9\;1 \\
\hline
\square\;\square\;\square\;\square\;\square\;\square
\end{array}
$$

退位减法（一）

准 备

2020年，约有62 000名观众观看"超级碗"[1]。

2019年，约有70 000名观众观看"超级碗"。

2020年的观赛人数和2019年的观赛人数相差多少？

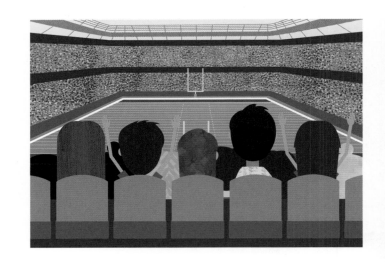

举 例

相减来计算差值。

千位不够减，因此向万位借1万，看作10个千。

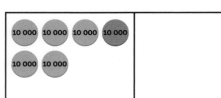

$$\begin{array}{r} 7\ 0\ \ 0\ 0\ 0 \\ -\ 6\ 2\ \ 0\ 0\ 0 \\ \hline \end{array}$$

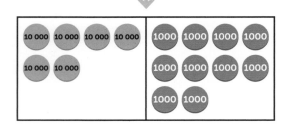

$$\begin{array}{r} {}^{6}\cancel{7}{}^{10}\ 0\ \ 0\ 0\ 0 \\ -\ 6\ 2\ \ 0\ 0\ 0 \\ \hline \end{array}$$

注："超级碗"是美国橄榄球联盟的年度冠军比赛。

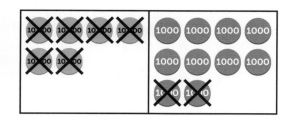

$$\begin{array}{r} {}^{6}\cancel{7}\,{}^{10}\cancel{0}\ \ 0\ \ 0\ \ 0 \\ -\ 6\ 2\ \ \ 0\ \ 0\ \ 0 \\ \hline 8\ \ \ 0\ \ 0\ \ 0 \end{array}$$

$70\,000 - 62\,000 = 8000$

2019年"超级碗"观赛人数比2020年多8000人。

练 习

1 计算下列体育场观赛人数的差值。

(1) 体育场A：67000人
　　体育场B：25000人

相差 ☐ 人。

$$\begin{array}{r} 6\ \ 7\ \ 0\ \ 0\ \ 0 \\ -\ 2\ \ 5\ \ 0\ \ 0\ \ 0 \\ \hline \square\ \square\ \square\ \square\ \square \end{array}$$

(2) 体育场C：83000人
　　体育场D：69000人

相差 ☐ 人。

$$\begin{array}{r} 8\ \ 3\ \ 0\ \ 0\ \ 0 \\ -\ 6\ \ 9\ \ 0\ \ 0\ \ 0 \\ \hline \square\ \square\ \square\ \square\ \square \end{array}$$

2 用退位减法计算。

(1)
$$\begin{array}{r} 9\ \ 3\ \ 0\ \ 0\ \ 0 \\ -\ 3\ \ 7\ \ 0\ \ 0\ \ 0 \\ \hline \square\ \square\ \square\ \square\ \square \end{array}$$

(2)
$$\begin{array}{r} 7\ \ 1\ \ 4\ \ 9\ \ 8 \\ -\ 5\ \ 4\ \ 1\ \ 6\ \ 4 \\ \hline \square\ \square\ \square\ \square\ \square \end{array}$$

退位减法（二）

准 备

蛋挞是葡萄牙发明的，被称为Pastéis de nata。葡萄牙式奶油蛋挞，又称葡式蛋挞。

某商店七月共售卖了23 412个葡式蛋挞，八月共售卖了18 732个葡式蛋挞。

七月份和八月份蛋挞销售量相差多少？

举 例

相减来计算
差值。

个位相减。

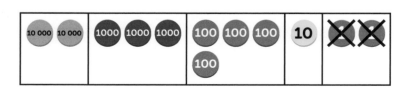

```
    2  3   4  1   2
 -  1  8   7  3   2
 _____
                  0
```

十位相减。

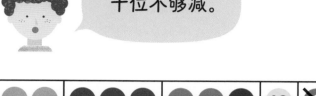
十位不够减。

向百位借1百，
看作10个十。

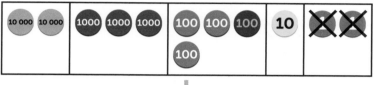

```
        3  11
  2  3  4̸  1̸  2
-  1  8  7  3  2
_____
              0
```

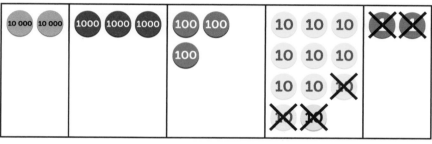

```
        3  11
  2  3  4̸  1̸  2
-  1  8  7  3  2
_____
           8  0
```

百位相减。

百位不够减。

向千位借1千，
看作10个百。

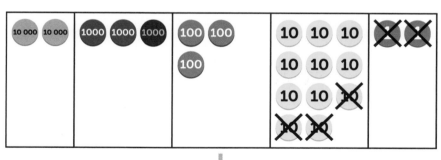

```
     2     13
  2  3̸  4̸  1̸  2
-  1  8  7  3  2
_____
           8  0
```

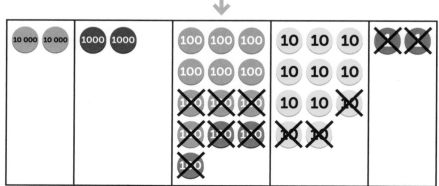

```
     2     13
  2  3̸  4̸  1̸  2
-  1  8  7  3  2
_____
        6  8  0
```

千位相减。

千位不够减。

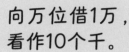

向万位借1万，
看作10个千。

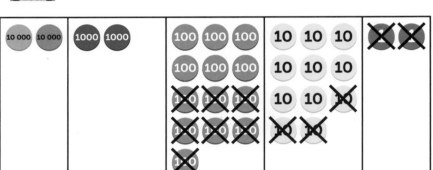

$$\begin{array}{r} {}^{1}\cancel{2}\ {}^{12}\cancel{\cancel{3}}\ {}^{13}\cancel{\cancel{4}}\ {}^{11}\cancel{1}\ 2 \\ -\ 1\ \ 8\ \ 7\ \ 3\ \ 2 \\ \hline 6\ \ 8\ \ 0 \end{array}$$

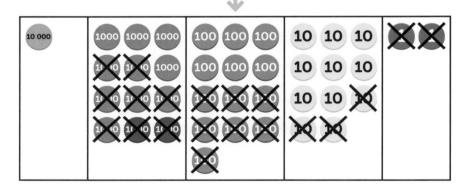

$$\begin{array}{r} {}^{1}\cancel{2}\ {}^{12}\cancel{\cancel{3}}\ {}^{13}\cancel{\cancel{4}}\ {}^{11}\cancel{1}\ 2 \\ -\ 1\ \ 8\ \ 7\ \ 3\ \ 2 \\ \hline 4\ \ 6\ \ 8\ \ 0 \end{array}$$

万位相减。

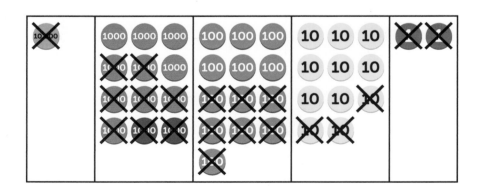

$$\begin{array}{r} {}^{1}\cancel{2}\ {}^{12}\cancel{\cancel{3}}\ {}^{13}\cancel{\cancel{4}}\ {}^{11}\cancel{1}\ 2 \\ -\ 1\ \ 8\ \ 7\ \ 3\ \ 2 \\ \hline 4\ \ 6\ \ 8\ \ 0 \end{array}$$

23 412 – 18 732 = 4 680

7月和8月蛋挞销售数量相差了4 680个。

计算下列数的差值。

1 43 762和24 551

```
    4   3   7   6   2
  - 2   4   5   5   1
  ┌───┬───┬───┬───┬───┐
  │   │   │   │   │   │
  └───┴───┴───┴───┴───┘
```

2 73 279和31 572

```
    7   3   2   7   9
  - 3   1   5   7   2
  ┌───┬───┬───┬───┬───┐
  │   │   │   │   │   │
  └───┴───┴───┴───┴───┘
```

3 81 201和43 310

```
    8   1   2   0   1
  - 4   3   3   1   0
  ┌───┬───┬───┬───┬───┐
  │   │   │   │   │   │
  └───┴───┴───┴───┴───┘
```

4 47 195和39 424

```
    4   7   1   9   5
  - 3   9   4   2   4
  ┌───┬───┬───┬───┬───┐
  │   │   │   │   │   │
  └───┴───┴───┴───┴───┘
```

5 56 138和31 237

```
    5   6   1   3   8
  - 3   1   2   3   7
  ┌───┬───┬───┬───┬───┐
  │   │   │   │   │   │
  └───┴───┴───┴───┴───┘
```

6 80 032和29 982

```
    8   0   0   3   2
  - 2   9   9   8   2
  ┌───┬───┬───┬───┬───┐
  │   │   │   │   │   │
  └───┴───┴───┴───┴───┘
```

加减法混合运算（一）

准 备

查尔斯和家人一起到美国的大峡谷国家公园旅游，他们从星期四待到了星期日。

查尔斯发现了一个公告牌，上面写着这几天到访公园的游客数量。

大峡谷国家公园

日期		人数			
星期四	19	2 3	0	0	0
星期五	20	2 4	0	0	0
星期六	21	4 5	0	0	0
星期日	22	3 1	0	0	0

举 例

计算星期四和星期五的国家公园一共来了多少游客。

星期四	19	2 3	0	0	0
星期五	20	2 4	0	0	0

```
    2  3    0    0    0
 +  2  4    0    0    0
 ─────────────────────
    4  7    0    0    0
```

$$23\,000 + 24\,000 = 47\,000$$

星期四和星期五一共来了47 000名游客。

23个千 + 24个千
= 47个千

计算星期六和星期日的游客总数。

星期六	21	4 5	0	0	0
星期日	22	3 1	0	0	0

45个千 + 31个千
= 76个千

```
  4 5   0 0 0
+ 3 1   0 0 0
─────────────
  7 6   0 0 0
```

45 000 + 31 000 = 76 000

星期六和星期日一共来了76 000名游客。

计算一下星期四和星期五游客总数与星期六和星期日游客总数相差了多少。

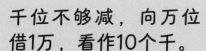

相减来计算差值。

76 000 − 47 000 = ?

千位不够减，向万位借1万，看作10个千。

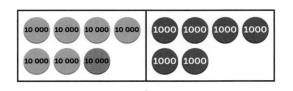

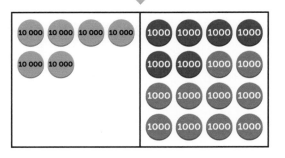

```
  7 6   0 0 0
− 4 7   0 0 0
─────────────


  ⁶7̶ ¹⁶6̶  0 0 0
− 4 7    0 0 0
─────────────
  2 9    0 0 0
```

76 000 − 47 000 = 29 000

星期四和星期五游客总数与星期六和星期日游客总数相差了29 000人。

下表显示了一年中七月和八月的第一个周末，印度泰姬陵的游客数量。

日期	游客数量
7月2日周六	27 000
7月3日周日	25 000
8月6日周六	36 000
8月7日周日	25 000

1 计算七月第一个周末游客数量和八月第一个周末游客数量的差值。

(1) 计算7月2日和3日的游客总数。
将27 000和25 000相加。

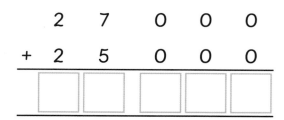

7月2日和3日的游客总数为 _____ 人。

(2) 计算8月6日和7日的游客总数。
将36 000和25 000相加。

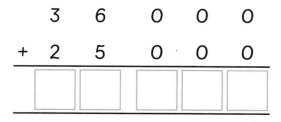

8月6日和7日的游客总数为 _____ 人。

（3）计算七月第一个周末游客数量和八月第一个周末游客数量的差值。

$$
\begin{array}{r}
\square\square\ \square\square\square \\
- \square\square\ \square\square\square \\
\hline
\square\square\ \square\square\square \\
\hline
\end{array}
$$

七月第一个周末游客数量和八月第一个周末游客数量相差了

[   ] 人。

2 计算这4天的游客总数。

这4天的游客总数为 [   ] 人。

加减法混合运算（二）

准 备

一支乐队在一个大型体育场演出，有53 651名观众参加了演唱会。然后乐队又在一个较小的场地表演了两个晚上。21 345人参加了第一晚的演出，16 789人参加了第二晚的演出。大体育场一晚的观众要比小场地两晚的观众多吗？多了多少？

举 例

将21 345和16 789相加。

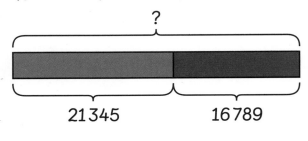

算出小场地两晚的观众总数。

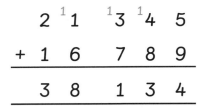

$$21\,345 + 16\,789 = 38\,134$$

小场地两晚共有38 134名观众。

把53 651减去38 134。

计算大体育场观众数和小场地两晚观众总数的差值。

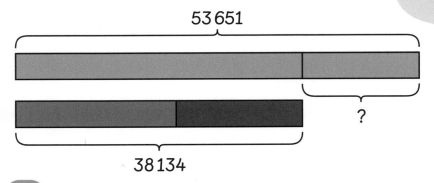

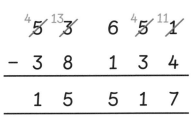

53 651 − 38 134 = 15 517

大体育场一晚的观众数量要比小场地两晚观众总数多15 517人。

练 习

有63 302人在曼彻斯特的一个体育场观看足球比赛，同时有17 409人在布里斯托尔观看足球比赛，26 556人在利兹观看足球比赛。试问在曼彻斯特观看足球比赛的人比在布里斯托尔和利兹观看足球比赛的人总和多多少？

17 409 + 26 556 = ☐

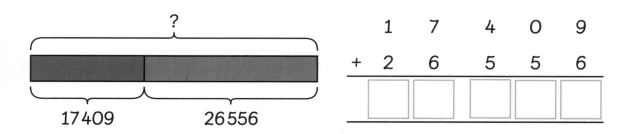

	1	7	4	0	9
+	2	6	5	5	6
	☐	☐	☐	☐	☐

63 302 − ☐ = ☐

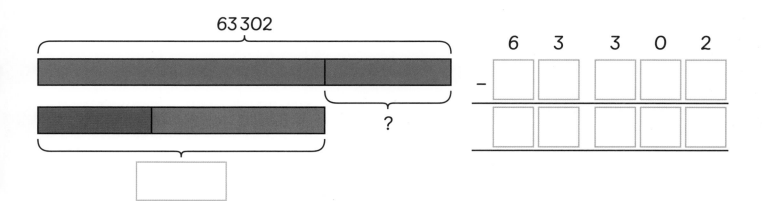

	6	3	3	0	2
−	☐	☐	☐	☐	☐
	☐	☐	☐	☐	☐

在曼彻斯特观看足球比赛的人比在布里斯托尔和利兹观看足球比赛的人总和多 ☐ 人。

回顾与挑战

1 填空题。

(1) 513 454中3的数值为 [____]。

它在 [____] 位上。

(2) 501 413中4的数值为 [____]。

它在 [____] 位上

2 比较大小，用"＞"和"＜"表示。

(1) 13 431 [____] 31 134

(2) 102 543 [____] 68 955

(3) 212 423 [____] 212 507

(4) 798 857 [____] 800 012

3 在方框中填入合适的数。

(1) [____], 371 065, [____], 571 065, [____], 771 065

(2) 145 260, 135 260, [____], 115 260, [____], [____]

4 求和。

(1) 34 000 + 21 000 = [____]

(2) 106 000 + 85 000 = [____]

5 求差。

(1) 89 000 – 28 000 = [ ]

(2) 437 000 – 116 000 = [ ]

6 填空题。

(1)
```
  6 3 1 6 7
+ 2 8 5 2 6
───────────
  [ ][ ][ ][ ][ ]
```

(2)
```
  7 2 3 9 4
- 3 6 4 8 5
───────────
  [ ][ ][ ][ ][ ]
```

7 现有两个集装箱等待装船。第一个集装箱质量为28 314千克。第二个集装箱质量为19 827千克。

两个集装箱总质量为多少?

两个集装箱的总质量为 [ ] 千克。

8 共有43 512人在球场观看足球比赛。比赛结束时,观众们分别从北出口和南出口离场。如果有25 478人从北出口离场,那么从南出口离场的有多少人?

[ ] 人从南出口离场。

参考答案

第 6 页　1 (1)

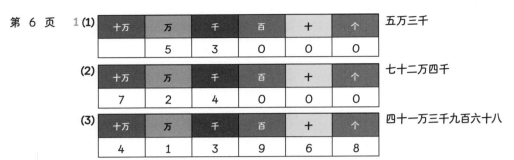

十万	万	千	百	十	个
	5	3	0	0	0

五万三千

(2)

十万	万	千	百	十	个
7	2	4	0	0	0

七十二万四千

(3)

十万	万	千	百	十	个
4	1	3	9	6	8

四十一万三千九百六十八

第 7 页　2 (1) 百, 500。(2) 千, 5000。
(3) 万, 50000。(4) 十万, 500000。

第 9 页　1 (1) 318550大于230540。230540小于318550。(2) 496320大于425998。425998小于496320。
(3) 746826大于745923。745923小于746826。
2 (1) > (2) < (3) < (4) <

第 11 页　1 (1) 150000 (2) 190000 (3) 110000 (4) 90000
2 (1) 232000 (2) 275000 (3) 767000 (4) 740000

第 13 页　1 325700, 525700, 100000。
2 338670, 938670, 200000。
3 48560, 38560, 10000。
4 796879, 736879, 30000。

第 15 页　1 400000, 400000。
2 500000, 500000。

第 19 页　1 (1) 71619

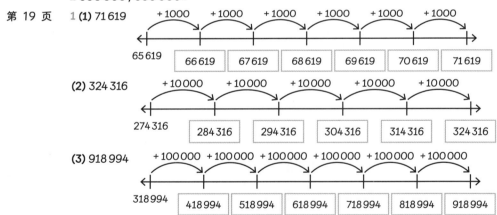

(2) 324316

(3) 918994

2 (1) 49389 (2) 782988 (3) 621489

第 21 页　1 230238　2 (1) 124506 (2) 209867
(3) 9867

第 24 页　1 (1) 20000, 60000, 20000 + 60000 = 80000, 80000。
(2) 50000, 40000

第 25 页　(2) 50000 + 40000 = 90000。90000。
(3) 70000, 60000, 70000 + 60000 = 130000, 130000。
2 (1) 88, 88000 (2) 153, 153000 (3) 153, 153000
(4) 435, 435000 (5) 700, 700000 (6) 550, 550000

第 29 页

1 (1) 36 463

$$
\begin{array}{r}
2\;4\;1\;4\;2\\
+\ 1\;2\;3\;2\;1\\
\hline
3\;6\;4\;6\;3
\end{array}
$$

(2) 75 689

$$
\begin{array}{r}
3\;4\;1\;7\;3\\
+\ 4\;1\;5\;1\;6\\
\hline
7\;5\;6\;8\;9
\end{array}
$$

2 (1)

$$
\begin{array}{r}
7\;8\;{}^1 1\;{}^1 3\;8\\
+\ 1\;1\;5\;9\;8\\
\hline
8\;9\;7\;3\;6
\end{array}
$$

(2)

$$
\begin{array}{r}
2\;4\;{}^1 1\;{}^1 3\;{}^1 9\;2\\
+\ 3\;4\;6\;9\;2\;8\\
\hline
5\;8\;8\;3\;2\;0
\end{array}
$$

第 31 页

1
$$
\begin{array}{r}
{}^1 2\;5\;3\;8\;4\\
+\ 6\;7\;1\;0\;3\\
\hline
9\;2\;4\;8\;7
\end{array}
$$

2
$$
\begin{array}{r}
4\;4\;0\;3\;2\\
+\ 6\;4\;9\;5\;7\\
\hline
1\;0\;8\;9\;8\;9
\end{array}
$$

3
$$
\begin{array}{r}
{}^1 5\;2\;1\;6\;3\\
+\ 7\;9\;4\;2\;6\\
\hline
1\;3\;1\;5\;8\;9
\end{array}
$$

4
$$
\begin{array}{r}
{}^1 1\;{}^1 3\;6\;0\;0\;8\\
+\ 8\;9\;7\;9\;1\\
\hline
2\;2\;5\;7\;9\;9
\end{array}
$$

第 33 页

1 (1) 42 000
$$
\begin{array}{r}
6\;7\;0\;0\;0\\
-\ 2\;5\;0\;0\;0\\
\hline
4\;2\;0\;0\;0
\end{array}
$$

(2) 14 000
$$
\begin{array}{r}
{}^7 8\;{}^{13} 3\;0\;0\;0\\
-\ 6\;9\;0\;0\;0\\
\hline
1\;4\;0\;0\;0
\end{array}
$$

2 (1)
$$
\begin{array}{r}
{}^8 9\;{}^{13} 3\;0\;0\;0\\
-\ 3\;7\;0\;0\;0\\
\hline
5\;6\;0\;0\;0
\end{array}
$$

(2)
$$
\begin{array}{r}
{}^6 7\;{}^{11} 1\;4\;9\;8\\
-\ 5\;4\;1\;6\;4\\
\hline
1\;7\;3\;3\;4
\end{array}
$$

第 37 页

1
$$
\begin{array}{r}
{}^3 4\;{}^{13} 3\;7\;6\;2\\
-\ 2\;4\;5\;5\;1\\
\hline
1\;9\;2\;1\;1
\end{array}
$$

2
$$
\begin{array}{r}
7\;{}^2 3\;{}^{12} 2\;7\;9\\
-\ 3\;1\;5\;7\;2\\
\hline
4\;1\;7\;0\;7
\end{array}
$$

3
$$
\begin{array}{r}
{}^7 8\;{}^{10} 0\;{}^{11} 1\;{}^{10} 0\;1\\
-\ 4\;3\;3\;1\;0\\
\hline
3\;7\;8\;9\;1
\end{array}
$$

4
$$
\begin{array}{r}
{}^3 4\;{}^{16} 7\;{}^{11} 1\;9\;5\\
-\ 3\;9\;4\;2\;4\\
\hline
7\;7\;7\;1
\end{array}
$$

5
$$
\begin{array}{r}
5\;{}^5 6\;{}^{11} 1\;3\;8\\
-\ 3\;1\;2\;3\;7\\
\hline
2\;4\;9\;0\;1
\end{array}
$$

6
$$
\begin{array}{r}
{}^7 8\;{}^9 0\;{}^9 0\;{}^{13} 3\;2\\
-\ 2\;9\;9\;8\;2\\
\hline
5\;0\;0\;5\;0
\end{array}
$$

第 40 页

1 (1) 52 000
$$
\begin{array}{r}
{}^1 2\;7\;0\;0\;0\\
+\ 2\;5\;0\;0\;0\\
\hline
5\;2\;0\;0\;0
\end{array}
$$

(2) 61 000
$$
\begin{array}{r}
{}^1 3\;6\;0\;0\;0\\
+\ 2\;5\;0\;0\;0\\
\hline
6\;1\;0\;0\;0
\end{array}
$$

第 41 页

(3) 9 000
$$
\begin{array}{r}
{}^5 6\;{}^{11} 1\;0\;0\;0\\
-\ 5\;2\;0\;0\;0\\
\hline
9\;0\;0\;0
\end{array}
$$

2 113 000
$$
\begin{array}{r}
6\;1\;0\;0\;0\\
+\ 5\;2\;0\;0\;0\\
\hline
1\;1\;3\;0\;0\;0
\end{array}
$$

47

第 43 页 43965

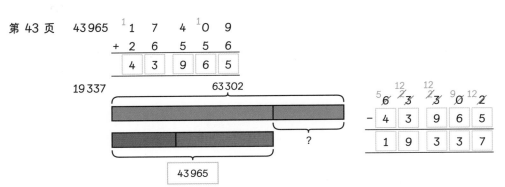

$$
\begin{array}{r}
{}^{1}1\ 7\ 4\ {}^{1}0\ 9\\
+\ 2\ 6\ 5\ 5\ 6\\
\hline
4\ 3\ 9\ 6\ 5
\end{array}
$$

19337   63302

?

43965

$$
\begin{array}{r}
{}^{5}\cancel{6}\ {}^{12}\cancel{3}\ {}^{12}\cancel{3}\ {}^{9}\cancel{0}\ {}^{12}\cancel{2}\\
-\ 4\ 3\ 9\ 6\ 5\\
\hline
1\ 9\ 3\ 3\ 7
\end{array}
$$

19337

第 44 页 1 **(1)** 3 000，它在千位上。 **(2)** 400，它在百位上。

2 **(1)** 13 431 < 31 134 **(2)** 102 543 > 68 955 **(3)** 212 423 < 212 507 **(4)** 798 857 < 800 012

3 **(1)** 271 065，471 065，671 065 **(2)** 125 260，105 260，95 260。

4 **(1)** 55 000 **(2)** 191 000

第 45 页 5 **(1)** 61 000 **(2)** 321 000

6 **(1)**
$$
\begin{array}{r}
{}^{1}6\ 3\ 1\ {}^{1}6\ 7\\
+\ 2\ 8\ 5\ 2\ 6\\
\hline
9\ 1\ 6\ 9\ 3
\end{array}
$$

(2)
$$
\begin{array}{r}
{}^{6}\cancel{7}\ {}^{11}\cancel{2}\ {}^{13}\cancel{3}\ {}^{8}\cancel{9}\ {}^{14}\cancel{4}\\
-\ 3\ 6\ 4\ 8\ 5\\
\hline
3\ 5\ 9\ 0\ 9
\end{array}
$$

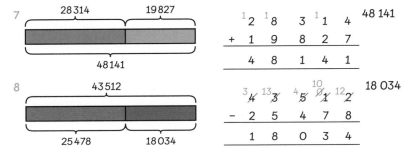

7   28 314   19 827

48 141

$$
\begin{array}{r}
{}^{1}2\ {}^{1}8\ 3\ {}^{1}1\ 4\\
+\ 1\ 9\ 8\ 2\ 7\\
\hline
4\ 8\ 1\ 4\ 1
\end{array}
$$

8   43 512

25 478   18 034

18 034

$$
\begin{array}{r}
{}^{3}\cancel{4}\ {}^{13}\cancel{3}\ {}^{4}\cancel{5}\ {}^{10}\cancel{0}\cancel{1}\ {}^{12}\cancel{2}\\
-\ 2\ 5\ 4\ 7\ 8\\
\hline
1\ 8\ 0\ 3\ 4
\end{array}
$$

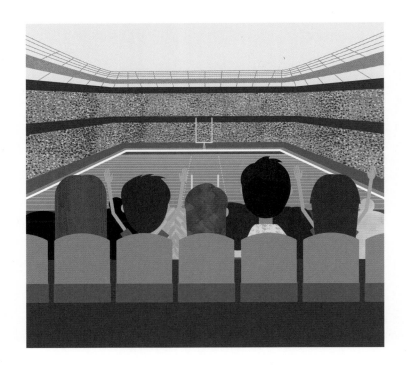